PLANETA ANIMAL

EL CANGREJO

POR VALERIE BODDEN

CREATIVE EDUCATION • CREATIVE PAPERBACKS

Publicado por Creative Education
y Creative Paperbacks
P.O. Box 227, Mankato, Minnesota 56002
Creative Education y Creative Paperbacks son marcas editoriales de The Creative Company
www.thecreativecompany.us

Diseño de The Design Lab
Producción de Rachel Klimpel
Editado de Alissa Thielges
Dirección de arte de Rita Marshall
Traducción de TRAVOD, www.travod.com

Fotografías de Alamy (BIOSPHOTO, Helmut Corneli, Leonid Serebrennikov, Life on white, Westend61 GmbH), Bill Bumgarner (Flickr), Corbis (Christophe Courteau/ Water Rights), Dreamstime (Julia Freeman-woolpert, Kseniya Ragozina, Mr.suchat Tepruang, Opasstudio, Sergey Uryadnikov, Yap Kee Chan), Getty (Aleksei Permiakov, ARKJ), Unsplash (Ron Long)

Library of Congress Cataloging-in-Publication Data
Names: Bodden, Valerie, author.
Title: El cangrejo / by Valerie Bodden.
Other titles: Crab. Spanish
Description: Mankato, Minnesota: Creative Education/ Creative Paperbacks, [2023] | Series: Amazing animals | Includes index. | Audience: Ages 6–9 | Audience: Grades 2–3 | Summary: "Elementary-aged readers will discover all kinds of crabs. Full color images and clear explanations highlight the habitat, diet, and lifestyle of these fascinating sea creatures"—Provided by publisher.
Identifiers: LCCN 2022007722 (print) | LCCN 2022007723 (ebook) | ISBN 9781640266896 (library binding) | ISBN 9781682772454 (paperback) | ISBN 9781640008304 (ebook)
Subjects: LCSH: Crabs—Juvenile literature.
Classification: LCC QL444.M33 B68318 2023 (print) | LCC QL444.M33 (ebook) | DDC 595.3/86—dc23/ eng/20220218
LC record available at https://lccn.loc.gov/2022007722
LC ebook record available at https://lccn.loc.gov/2022007723

Tabla de contenidos

El cangrejo es un crustáceo. Los crustáceos tienen una cubierta dura y viven en el agua. ¡Hay miles de diferentes tipos de cangrejos en el mundo!

Los elegantes cangrejos de roca viven en el Océano Pacífico.

El cuerpo aplanado del cangrejo está cubierto por una concha llamada caparazón.

El cuerpo ancho y plano del cangrejo está recubierto por un caparazón. Los cangrejos tienen 10 patas. Las primeras dos patas tienen pinzas para sujetar a su **presa**. Algunos cangrejos son de color café o grises. Otros tienen colores brillantes como el azul, el rojo o el amarillo.

presa animal que otros animales matan y comen

El cangrejo más diminuto es tan pequeño como una araña. Pero el más grande es el cangrejo gigante japonés. ¡Sus patas estiradas pueden medir más de 12 pies (3,7 m) de punta a punta! Puede pesar hasta 40 libras (18,1 kg).

El cangrejo gigante japonés es el cangrejo más grande del mundo.

El cangrejo arlequín (opuesto) vive dentro del pepino de mar, otro animal, en el fondo del océano.

La mayoría de los cangrejos viven en el **océano**. Algunos habitan aguas frías y profundas. Otros viven en playas calurosas. Algunos tipos de cangrejos viven en ríos. Otros viven en tierra firme.

océano un área grande de agua profunda y salada

El cangrejo comúnmente camina de lado. Puede caminar en tierra firme o en el fondo del mar. Los cangrejos que pasan mucho tiempo en tierra firme pueden correr rápidamente. Algunos tipos de cangrejos son, además, buenos nadadores.

Las patas del cangrejo se doblan hacia afuera y esto hace que caminen de lado.

Un agujero en la playa (izquierda) o bajo el agua (opuesto) sirve como escondite seguro.

Los cangrejos se esconden de los **depredadores** para mantenerse a salvo. La mayoría de los cangrejos cavan hoyos en la arena o el lodo para esconderse. Pero algunos, se esconden cubriendo sus caparazones con algas marinas, **esponjas** o trozos de madera.

depredadores animales que matan y se comen a otros animales

esponjas animales marinos con muchos hoyos en su esqueleto

La zayapa de Galápagos usa la punta de sus pinzas como dedos para comer peces.

Los cangrejos comen casi cualquier cosa. Su comida favorita son los **mejillones**, caracoles, peces, gusanos e **insectos**. Algunos cangrejos comen, además, algas marinas, frutos y hojas.

insectos animales pequeños con el cuerpo dividido en tres partes y seis patas

mejillones animales que viven en el agua y tienen concha doble

Los huevos de una cangreja parecen una gran esponja debajo de su cuerpo.

Una cangreja puede poner millones de huevos. Los huevos eclosionan como **larvas** sin patas. Las larvas se hacen más grandes y mudan de caparazón. Después de mudar muchas veces, les salen patas. Ahora se ven como cangrejos adultos. Algunos cangrejos viven solo unos pocos años. ¡Pero los cangrejos más grandes pueden vivir hasta 100 años!

larvas la forma que toman algunos animales cuando eclosionan de los huevos, antes de transformarse en su forma adulta

Algunas personas tienen cangrejos como mascotas. Otras, ven a los cangrejos salvajes en las playas o en los zoológicos. Siempre es divertido ver a estos animales que caminan de lado, pero ¡cuida que no te pellizquen con sus pinzas!

Un cangrejito podría esconderse bajo el sombrero de alguien en la playa.

Un cuento del cangrejo

En África, la gente contaba una historia sobre por qué los cangrejos se ven como si no tuvieran cabeza. Decían que una creadora había hecho a todos los animales. Ella hizo el cuerpo del cangrejo, pero le dijo que regresara al día siguiente por su cabeza. El cangrejo alardeó y dijo que iba a tener la mejor cabeza de todos. Esto hizo enojar a la creadora. Dijo que el cangrejo se iba a quedar sin cabeza.

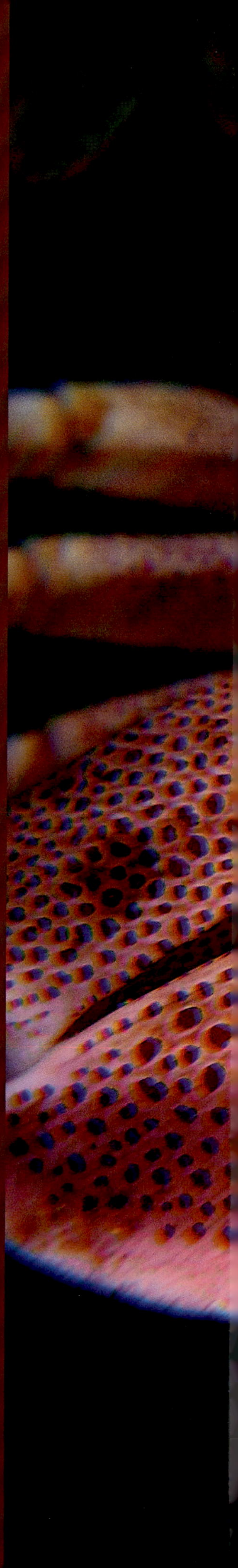

Índice